BEI GRIN MACHT SICH IHR WISSEN BEZAHLT

- Wir veröffentlichen Ihre Hausarbeit, Bachelor- und Masterarbeit

- Ihr eigenes eBook und Buch - weltweit in allen wichtigen Shops

- Verdienen Sie an jedem Verkauf

Jetzt bei www.GRIN.com hochladen und kostenlos publizieren

Bibliografische Information der Deutschen Nationalbibliothek:

Die Deutsche Bibliothek verzeichnet diese Publikation in der Deutschen National-
bibliografie; detaillierte bibliografische Daten sind im Internet über http://dnb.d-
nb.de/ abrufbar.

Impressum:

Copyright © 2016 GRIN Verlag, Open Publishing GmbH
Druck und Bindung: Books on Demand GmbH, Norderstedt Germany
ISBN: 9783668537354

Dieses Buch bei GRIN:

http://www.grin.com/de/e-book/376083/zusammenfassung-des-chemiestoffes-einer-
meisterschule-mit-den-themenschwerpunkten

Daniel Steffen

Zusammenfassung des Chemiestoffes einer Meisterschule mit den Themenschwerpunkten Stoffeigenschaften, Bindungslehre, Aggregatszustände und Atomaufbau sowie Erläuterungen zum Periodensystem

GRIN Verlag

Meisterschule NTG

Schwerpunkt Chemie

Skript 1

Inhaltsverzeichnis NTG Skript 1

1.1   Eigenschaften von Stoffen

Jeder Stoff hat unterschiedliche Eigenschaften diese können durch chemische und physikalische Eigenschaften beschrieben werden. Die chemischen Eigenschaften sind beispielsweise Geruch, Geschmack, chemische Reaktion, Brennbarkeit sowie Reaktionsfähigkeit. Die physikalischen Eigenschaften sind die Dichte von Stoffen, Schmelzpunkt, Flammpunkt, Farbe, elektrisch Leitfähig, Siedepunkt und die Lösbarkeit.

Der Siedepunkt wird definiert als die Temperatur bei der ein Stoff vom flüssigen Zustand in den gasförmigen Zustand übergeht. Beim Schmelzpunkt von Stoffen geht ein Stoff vom festen in den flüssigen Zustand über.

Wichtig ist die Zündtemperatur bei dieser Eigenschaft entzündet sich der Stoff eigenständig ähnlich wie beim Dieselmotor.

Jeder Stoff ist in unterschiedliche Gemische (Gemenge) oder reine Stoffe eingeteilt. Von einem hetrogenen Gemenge spricht man, wenn sich die Stoffe äußerlich unterscheiden. Homogene Gemenge sind Gemenge die aus mehreren Stoffen bestehen. Diese können durch Destillation oder Extraktion getrennt werden. Nur reine Stoffe können sich durch physikalische Trennmethoden nicht weiter in seine Bestandteile zerlegen. Ein solcher Stoff ist beispielsweise Wasser.

Sobald man einen reinen Stoff durch eine chemische Reaktion nicht mehr zerlegen kann, spricht man von einem chemischen Element. Insgesamt gibt es 109 unterschiedliche (ca. 95 kommen in der Natur vor). Die chemischen Elemente sind nach internationalen einheitliche Symbolen definiert beispielsweise das Element Wasser mit dem Symbol H. Untenstehende eine Tabelle.

Symbol	Element
O	Sauerstoff
Fe	Eisen
Au	Gold
Zn	Zink
Al	Aluminium

Werden die unterschiedlichen Elemente nach aufsteigender Ordnungszahl geordnet und berücksichtigt man das nach 8 Elementen immer wieder Elemente mit ähnlichen Eigenschaften auftreten, so kommt man zum Periodensystem.

Unterteilt wird das Periodensystem in vertikale und horizontale Reihen. Die Elemente die auf der Vertikalen Achse liegen, gehören zu einer Gruppe und besitzen ähnliche Eigenschaften. Die Elemente die auf einer Horizontalen Achse liegen gehören zu einer Periode. Bei den Gruppen gibt es zusätzlich noch eine Unterteilung in sogenannte Hauptgruppen und Nebengruppen.

Die Nummer die unter jedem Element steht, gibt an, wieviele Schalen die Atomhüllen aufweisen. Insgesamt besteht das Periodensystem aus 7 Perioden, 8 Hauptgruppen und Nebengruppen.

Die Gesamten Elemente sind relativ gering wie man im Periodensystem sieht. Man unterteilt die Elemente in 3 große Gruppen, die Metalle und die Nichtmetalle, wovon jedes Element sein eigenes chemisches Symbol hat.

1.4 Ordnungssystem der Elemente

In der waagerechten Reihe, werden alle Elemente mit gleicher Schalenzahl zusammengefasst. Alle Elemente mit gleiche äußerer Elektronenzahl werden in der senkrechten Reihe zusammengefasst

1.5 Aggregatzustand

Jeder Stoff kann in 3 verschiedene Aggregatzustände vorkommen fest-flüssig-gasförmig. Dieses geschieht durch wärmezufuhr oder entsprechenden wärme Entzug. Somit wechselt ein Stoff von einem Aggregatzustand in den anderen.

Sobald ein fester Stoff sublimiert, wird dieser Gasförmig kondensiert dieser dann, wird er flüssig und erstarrt er wird er fest. Wenn ein fester Stoff schmilzt, dann wird er flüssig verdampft dieser wird er gasförmig und resublimiert dieser wird er fest.

Jedes Atom unterscheidet sich in gewisser Maße. Im Prinzip hat das Atom immer den gleichen Aufbau. Es besteht aus einen Atomkern der aus positiv geladenen Protonen und neutralen Neutronen besteht. Die Anzahl der Protonen bestimmt immer die Ladung des Kerns. Der Kern stellt die Hauptmasse dar. Somit ergibt sich das die Massezahl die Summe aus Protonen und Neutronen ist. Um den Positiv geladenen Atomkern liegt die Atomhülle. Die Atomhülle ist mit Elektronen gefüllt. Die Elektronen bewegen sich auf speziellen Bahnen von der nicht unbegrenzt viele aufgenommen werden können. Sobald eine Bahn besetzt ist, wird eine weitere aufgefüllt. Jedes chemische Element besteht aus Atomen mit einer bestimmten Protonenanzahl im Kern. Dieses wiederum bedeutet auch das eine bestimmte Anzahl von Elektronen vorhanden sein muss.

Das leichteste Atommodell hat nur 1 Proton im Kern und heißt Wasserstoffatom. Das nächst schwerere hat 2 Protonen im Kern (Edelgas Helium) usw. Damit ein Atom nach außen hin neutral ist, müssen genauso viele Elektronen wie Protonen vorhanden sein.

Die Valenzelektronen sind entscheidend für die Reaktion eines Atoms. Es muss immer die gleiche Anzahl von Elektronen gleich Anzahl der Protonen sein, da ein Atom keine Ladung besitzt.

Teilchenart	Ladung	Symbol
Neutron	Keine Ladung Befindet sich im Kern des Atoms	n
Elektronen	Negativ geladen Befindet sich in der Hülle des Atoms	E
Protonen	Positiv geladen Befindet sich im Kern des Atoms	p

Atome verschiedene Elemente haben wie oben erwähnt verschiedene Eigenschaften und somit auch verschiedene Massen. Alle Atome eines Elementes sind untereinander chemisch gleich aufgebaut. Dadurch können bei chemischen Reaktionen sich die Atome miteinander Verbinden.

Ein Molekül sind Verbindungen von mindestens 2 gleichen oder verschiedenen Atomen. Das kleinste Teilchen der chemischen Verbindung nennt man Molekül.

Ein einziges Kohlestoffatom hat eine Masse von 1,992 * 10^-23 Gramm. Da die Größenordnung für die Praxis nicht gedacht ist hat man in der Chemie eine weitere Einheit eingeführt. Dieses ist die Einheit Mol für Stoffmenge.

1.8   BOHRsche Atommodell

Das Borschen Atommodell besagt, dass sich die Elektronen auf Schalen um den Atomkern bewegen. Sind die Schalen besetzt oder sind mehr als 8 Elektronen auf ihr, dann hat das Atom einen stabilen Zustand erreicht und reagiert träge.

Wie schon erwähnt, ist das Periodensystem ein Ordnungssystem. Neben den Ordnungszahlen gelten hier als Ordnungsgesichtspunkte die Anzahl der Schalen und die Anzahl der Außenelektronen. Die Elektronenhülle ist eine Kugelschale, je größer der Radius dieser Schale ist, umso mehr Elektronen kann diese aufnehmen. Alle Elektronen die hierauf platz finden, bewegen sich um den Kern. Die Elektronen bewegen sich mit einer Geschwindigkeit von 1 000 000 000 000 000 mal in der Sekunde um den Kern. Die Elektronschalen werden auch mit dem Buchstaben (K-Q) bezeichnet.

Die Elektronen der einzelnen Atome sind für die chemische Bindung zwischen Atomen etc. verantwortlich. Eine Chemische Bindung zwischen zwei Atomen besteht immer aus mehreren Elektronen. Hauptrolle in der Chemischen Bindung spielen die Valenzelektronen.

Was für eine Bindungsart vorhanden ist, hängt von den miteinander reagierenden Stoffen ab. Geht ein Nichtmetall mit einem Metall eine Verbindung ein, handelt es sich um eine Ionenbindung. Eine Metallbindung entsteht durch die Verbindung zwischen zwei Metallen. Sobald zwei Nichtmetalle miteinander reagieren, wird eine Atombindung gebildet.

Bei der Ionenbindung, geht ein Metall mit einem Nichtmetall eine Verbindung ein. Im Periodensystem stehen die Metalle in der ersten, zweiten und dritten Hauptgruppe. Alle Metalle besitzen 1 – 3 Valenzlelektronen. Jedes Element versucht nun durch eine chemische Reaktion die Edelgaskonfiguration zu erreichen. Ionen sind elektrisch geladene Atome. Hiersein wird unterschieden zwischen den negativ gelandeten Nichtmetallionen und den positiv geladenen Metallionen. Durch elektrostatische Kräfte werden sie in Ionengittern zusammengehalten. Durch den Eletronenübergang entsteht die elektrische Ladung.

Bei einer Metallbindung bilden die Metallatome positiv geladene Metallionen im Metallgitter. Alle Elektronen lagern sich zwischen den positiven Ionen sowie zwischen den Elektronengasen und halten diese zusammen.

Alle festen Stoffe haben eine Gitterstruktur. Metalle bilden Metallgitter und Ionen bilden Ionengitter. Sobald Gitterpunkte im Gitter mit Atomen besetzt sind, so entsteht hieraus ein Atomgitter.

1.10 Ionenbindung

Wenn man sich das Chlor Element anschaut, hat dieses 7 Elektronen in der äußern Schale und versucht zur Erreichung einer stabilen Elektronenhülle einem Atom ein Elektron zu entreißen. Reaktionsfreudig sind nur Elemente die einen Elektronen Mangel oder Überschuss haben. Die Wertigkeit des Elements, gibt an wie viele Elektronen ein Atom abgibt oder aufnimmt (Valenzelektronen). Durch diesen Wechsel, ist das Atom nicht mehr neutral. Dieses geladene Atom bezeichnet man als Ionen. Die Ionenbindungen verbinden Nichtmetalle und Metalle miteinander und haben dadurch einen sehr hohen Schmelzpunkt.

1.11 Metallbindung

Die Metalle haben auf der äußeren Schale nur wenige Elektronen, die zur Erziehung einer stabilen Schale abgestoßen werden. Sobald ein Nichtmetall in der Nähe eines Metalls ist, so werden Valenzelektronen aufgenommen und es kommt zu einer Ionenbindung. Wenn nur Metalle vorhanden sind, bleiben die Valenzelektronen in der Nähe der Atomkerne und bilden ein Atomgitter. Die Bildung zu einem Atomkern ist sehr gering, sodass sie sich leicht von einem Atom zum andren Verschieben lassen. Legierung nennt man die Verbindung von verschiednen Metall-Atomen. Eine Legierung enthält Elemente in einem beliebigen Mischungsverhältnis.

1.12 Oxidation und Reduktion in der Chemie

Reduktionen und Oxidationen bedeutet, dass Elektronen von einem zum anderen Reaktionspartner wechseln. Bei der Oxidation, gibt der reagierende Stoff die Elektronen ab. Bei der Reduktion werden Elektronen aufgenommen.

Eine Oxidation tritt immer auf, wenn eine Verbindung aus der Reaktion mit Sauerstoff entsteht. Dieses nennt man Oxidation. Wenn ein Metall mit Sauerstoff Reagiert, entsteht ein Metalloxid. Alle Nichtmetalle die eine Verbindung eingehen, nennt man Nichtmetalloxide. Diese sind z.B.

Schwefeldioxid, Schwefeltrioxid etc. Ein Oxidationsvorgang kann man beschleunigen, wenn man reinen Sauerstoff anstelle der Luft nimmt. Hierbei muss man aber beachten, dass höhere Temperatur entstehen können. Bekannt sollte sein, das die Luft aus Wasserstoff (0,00005%), Kohlendioxid (0,03%), Edelgase (0,922%), Sauerstoff (20,95%) und Stickstoff (78,09%) besteht.

Die Reduktion ist einfach gesagt die Umkehrung der Oxidation. Bei der Oxidation Vereinen sich zwei Stoffe mit Sauerstoff. Bei der Reduktion wird der Sauerstoff entzogen.

Reaktionsgleichungen können chemische Reaktionen beschreiben. Laut Aussage des Getz von der Erhaltung der Masse, geht bei einer Reaktion nichts verloren. Die Anzahl der Atome der linken Seite des Reaktionspfeils muss immer gleich der Anzahl der Atome auf der rechten Seite des Gleichheitszeichens sein. Eine Reaktionsgleichung stellt jedoch nur einen Zwischenschritt dar, weil unedle Gase, zu denen der Sauerstoff gehört, die Eigenschaft haben als Molekül aufzutreten.

In der elektrochemischen Spannungsreihe der Metalle sind die Elemente nach ihrer Stärke, andere Elemente zu reduzieren.

In der elektrochemischen Spannungsreihe, stehen Links die unedlen Metalle und rechts die Edelmetalle. Des Weiteren stehen auf der Linken Seite die Metalle mit dem stärksten Reduktionsvermögen sowie die Elemente mit den größten Bestreben Oxide zu bilden. Die links stehenden Metalle geben Elektronen an die rechts stehenden Metallkationen ab. Die elektrochemische Spannungsreihe gibt Aufschluss über das Reaktionsvermögen das Metall. Jedes Metall ist in der Lage, ein anderes Metall aus seinen Verbindungen zu verdrängen, wenn es in der Spannungsreihe auf der linken Seite von ihm steht. Je weiter ein Element in der Spannungsreihe auseinanderliegen, desto größer ist die zwischen diesen Elementen auftretende elektrische Spannung. Das Spannungspotenzial zwischen den unterschiedlichen Elementen bezeichnet mal als galvanisches Element und wird in Batterien oder Akkumulatoren genutzt. Die Spannung erreichtet man jeweils aus den Normalpotenzialen. Beispiel Kupfer – Zink $+0,34V + (-0,76V) = 1,1V$. Ein Galvanisches Element besteht immer aus zwei Metallen einer Kathode und einer Anode die durch eine elektrisch leitende Flüssigkeit das Elektrolyt verbinden sind. Im Elektrolyt löst sich das Metall mit der geringeren Spannung auf. Die aufgelösten Metallteilchen wandern über dem Elektrolyten zum Metall mit der höheren Spannung.

Korrosion ist die Zerstörung eines Metalls von der Oberfläche her durch chemische Reaktionen. Es gibt verschiedene Erscheinungsformen wie Korrosion entstehen kann. Es gibt die Gleichmäßige Flächenkorrosion hierbei greift die Korrosion das gesamte Bauteil an. Häufig tritt Flächenkorrosion bei ungeschützten Baustählen auf. Die Kontaktkorrosion entsteht immer, wenn zwei Bauteile aus unterschiedlichen Werkstoffen direkt aneinandergrenzen und entsprechende Feuchtigkeit vorhanden ist. Kontaktkorrosion entsteht z.B. An lagern oder Buchsen in einem Gehäuse aus einem anderen Werkstoff oder bei entsprechenden Verbindungselementen. Die Spaltkorrosion tritt zwischen Stoffgleichen Bauteilen in engen Spalten und Zwischenräumen auf, die wenig belüftet oder durchspült werden. Man findet Spaltkorrosion häufig zwischen Schraubköpfen und Unterlegscheiben. Metall kann man vor Korrosion schützen, indem man einen Fett oder Ölfilm aufbringt, das Ansammeln von einem Elektrolyten am Werkstück erschwert, einen entsprechenden Farbanstrich durchführt, das Entsprechende Bauteil durch ein Tauchbad führen etc.

Des Weiteren besteht die Möglichkeit Opferanoden (katholischer Korrosionsschutz) anzubringen. Diese sorgen dafür, das sich zuerst das unedlere Metall zersetzt und somit der edlere Stahl unversehrt bleibt.

Eine Säure entsteht, wenn Nichtmetalloxide in Wasser gelöst werden. Die Bekanntesten Säuren sind Schwefelsäure (H2So4), Salzsäure (HCl), Phosphorsäure (H3PO4) und Kohlensäure (H2CO3). Alle aufgeführten Verbindungen besitzen mindestens ein Proton. Wichtig ist zu Wissen, das all Säuren dissoziieren zu einem Säurerest-Ion und Protonen. Salzsäure ist eine sehr starke Säure und ist sehr ätzend. Man benutzt Salzsäure oft zum Metallätzen und zum Beizen. Kohlensäure hingegen ist eine Schwache Säure und ist in Sprudel enthalten.

Basen sind das Gegenstück und können diese neutralisieren. Basen Lösungen sind Laugen. Sobald sich ein Metalloxid in Wasser löst, entsteht eine lauge. Basen bestehen in Allgemeinen aus einem Hydroxiden und einem Metalkation. Die bekanntest ist Natriumhydoxid. In wässrigen Losungen nennt man Laugen. Wichtig zu Wissen ist, das Basen in wässriger Lösung Hydroxidionen bilden. Starke Laugen wie Natriumhydroxid greifen Metalle und Glas an, sie wirken dabei oft ätzend und ziehen Wasser an. Natriumhydroxid wird als Grundlage zur Herstellung von Seifen verwendet.

Möchte man die Konzentration einer Lauge oder einer Säure reduzieren, kann man dieses durch Verdünnung mit Wasser tun. Da hierbei starke Reaktionen entstehen können, ist beim Umgang mit Säuren und Laugen immer Schutzkleidung zu tragen. Zu beachte ist, dass immer die Säure oder Lauge ins Wasser gegeben wird nie umgekehrt. Merksatz: Erst das Wasser, dann die Säure sonst geschieht das Ungeheure.

Der pH-Wert gibt an, ob und wie stark sauer oder basisch eine Lösung ist. Der Wert befindet sich immer zwischen den Bereich 0 und 14. Je Weiter der Wert zu 0 tendiert, umso stark sauer ist dieser. Der Wert 7 bedeutet, dass es sich um eine neutrale Lösung handelt. Umso höher der Wert steigt, desto basischer ist dieser.

Je nachdem wie stark eine Säure ist desto kleiner der pH-Wert. Der pH-Wert ist unabhängig von der Wasserhärte

Mit verschiedenen Indikatoren ist man in der Lage den pH-Wert zu Messen und zu bestimmen. Die Indikatoren sind meist organische Stoffe die mit H+ zudem OH- reagieren und entsprechend die Farbe wechseln. Je nachdem welche Farbe der Indikator zeigt, erkennt man ob es sich um eine Base oder um eine Säure handelt.

0 = rot = sehr sauer   Über 7 = grau = neutral   bis 14 = blau = sehr basisch

Der Unterschied zwischen den beiden ist das bei den physikalischen Vorgängen Stoff erhalten bleiben, es wird nur der Zustand verändert, also z.B. Form die Lage oder die Bewegung. Bei chemischen Vorgängen werden die Stoffe zerlegt dieses nennt sich Analyse oder der einzelne Stoff wir zu einem neuen Stoff zusammengefügt => Synthese.

Beispiele für die physikalischen Vorgänge sind:

→ dass Verdampfen von Wasser
→ Die Trennung einer Öl – Wasser Emulsion durch Abstehen
→ Das Schmelzen von Gusseisen

Beispiele für chemische Vorgänge sind:

→ Verbrennen von Brennstoffen
→ Die Reaktion von Sauerstoff mit Eisen

1.19   Exotherme – Endotherme Reaktion

Unter einer Exotherme Reaktion versteht man, das Energie/Wärme frei wird und an die Umgebung abgibt. Dieses geschieht beispielsweise bei Verbrennung etc. Bei der Endothermen Reaktion wir Energie oder Wärme benötigt und aus der Umgebung aufgenommen.

Wasserhärte wird im Allgemeinen die Konzentration im Wasser gelösten Ionen der Erdalkalimetalle bezeichnet. Die Salze von Magnesium und Kalzium sind die Elemente, die einer besonders hohen Wasserhärte führen. Das harte Wasser kann zu Verkalkungen führen. Somit können Schäden an Maschinen und Geräten auftreten. Die Carbonat-Härte bezieht sich auf das Kalk-Kohlensäure-Verheltnis. Wird z.B. Wasser Kohlenstoffdioxid entzogen so bilden sich Kesselsteine. Der Prozess ist Temperaturabhängig und tritt bei Warmwasseranlagen auf. Die Gesamthärte gibt die Summe der Konzentration der Kationen von Erdalkalimetallen an. Um die negativen Auswirkungen zu minimieren, gibt es verschiedene Möglichkeiten. Bei der Enthärtung durch Ionenaustausch werden Kalzium- und Magnesiumionen gegen Natriumionen ausgetauscht. Dieses Prinzip wird bei Spülmaschinen angewendet.

Übungsfragen mit Lösungen:

1. Kohlenstoff und Sauerstoff verbindet sich zu Kohlendioxid. Wie wird dieser Vorgang bezeichnet?
   Oxidation, weil Sauerstoff aufgenommen wir.

2. Ein Stahlteil soll verkupfert werden. Wo muss das Stahlseil befestigt werden an der Anode oder an der Kathode? Beschreiben Sie warum.
   Das Stahlteil muss an der Kathode befestigt werden, da an der Kathode eine höhere Spannung anliegt und deshalb die Elektronen hierher wandern. Das Kupfer was sich an der Anode befindet, löst sich auf und die Metallteilchen wandern über dem Elektrolyten zum Stahlteil.

3. Was passiert, wenn ein Stahlteil und ein Kupferteil im Elektrolyt hängen und es wird kein Strom angeschlossen.

   Hierbei würde das Stahlteil aufgrund der Lage von Eisen und Kupfer beginnen sich an der Oberfläche aufzulösen. Gleichzeitig würde dadurch eine Batterie mit der Spannung von 0,7V entstehen.

1. Was haben alle Elemente einer Gruppe und einer Periode im Periodensystem gemeinsam?
2. Wodurch wird das chemische Verhalten der Elemente bestimmt?
3. Warum reagieren Atome miteinander?
4. Wie entsteht ein Ion
5. Warum kommt es zur Atombindung
6. Erklären Sie ein Atomaufbau
7. Definieren Sie die Begriffe Oxidation und Reduktion.
8. Nennen Sie die Unterschiede zwischen einem edlen und einem unedlen Metall.
9. Was ist die elektrochemische Spannungsreihe?
10. Welches sind die Hauptbestandteile der Luft?
11. Wie nennt man eine Reaktion, bei der Energie frei wird?
12. Beschreiben Sie unter was man pH-Wert versteht
13. Nennen Sie 3 Säuren / Basen.
14. Wie kann man den pH-Wert messen?

BEI GRIN MACHT SICH IHR WISSEN BEZAHLT

- Wir veröffentlichen Ihre Hausarbeit, Bachelor- und Masterarbeit

- Ihr eigenes eBook und Buch - weltweit in allen wichtigen Shops

- Verdienen Sie an jedem Verkauf

Jetzt bei www.GRIN.com hochladen und kostenlos publizieren